借问芳名

——西南交通大学风物志
（犀浦·夏）

汪铮　郑澎　罗蕾　刘禹杉　著

西南交通大学出版社
·成都·

```
图书在版编目（CIP）数据

 借问芳名：西南交通大学风物志. 犀浦·夏/ 汪铮
等著. —成都：西南交通大学出版社，2019.9
  ISBN 978-7-5643-7088-6

  Ⅰ.①借… Ⅱ.①汪… Ⅲ.①西南交通大学－植物志
②西南交通大学－动物志 Ⅳ.①Q948.527.11
②Q958.527.11

  中国版本图书馆 CIP 数据核字（2019）第 185634 号
```

Jiewen Fangming
—Xinan Jiaotong Daxue Fengwu Zhi (Xipu·Xia)

借问芳名
——西南交通大学风物志
（犀浦·夏）

汪 铮　郑 澎　罗 蕾　刘禺杉　著

责 任 编 辑	居碧娟
封 面 设 计	严春艳
出 版 发 行	西南交通大学出版社 （四川省成都市金牛区二环路北一段 111 号 西南交通大学创新大厦 21 楼）
发行部电话	028-87600564　028-87600533
邮 政 编 码	610031
网　　　 址	http://www.xnjdcbs.com
印　　　 刷	四川煤田地质制图印刷厂
成 品 尺 寸	170 mm×230 mm
印　　　 张	7
字　　　 数	73 千
版　　　 次	2019 年 9 月第 1 版
印　　　 次	2019 年 9 月第 1 次
书　　　 号	ISBN 978-7-5643-7088-6
定　　　 价	68.00 元

图书如有印装质量问题　本社负责退换
版权所有　盗版必究　举报电话：028-87600562

有关校园的自然书写（序）

　　一所学校的文化，是由其独特的精神理念、生活空间和物质载体共同构筑的时空整体。师生们求真尽善的精神世界，都无比生动地体现在其教学行知、案卷砚池、饮食起居、宴乐习游、礼俗风尚的每一个细节之中，达成了，可以称之为大美。反过来讲，学校在环境、体制、文化上的设计，理应体现出对至善之品质与至美之境界的追求。这些细致的所在，构成了我们常说的风物。

　　本书所呈现的，实际是所谓风物当中极冷静的一类：草木花鸟。于一所学校而言，这些自然的存在似乎比其他的存在更像主人，无论是时间的还是空间的。然而它们又是不显眼的，没有传统风物所具有的那些特质，既无关乎风成化习，也不会风流云散，只一味地春华秋实、寒来暑往、生生不息。

　　虽是自然之物，于人而言，却可以微中见著，可以寄情，可以寓心，可以明志。汀花岸竹的野逸，水鸟渊鱼的清趣，珍禽奇花的绚烂，尽可以赏、尽可以摹、尽可以咏、尽可以藏。自在之物，因为有了情趣的投入，许多普通的草木虫鱼也可诗化为审美的艺术和学子们永难释怀的乡愁。

　　王国维在其书中提出"古今之成大事业、大学问者，必经过三种之境界"的说法，脍炙人口。其实他想表达的是，我们于宇宙人生，要能入能出：入则写之，出则观之；要轻视外物，但又重视外物；要有内美，要有修能；要忠实：不仅对人，对一草一木亦然。本书的立意，也在于此。一草一木，一花一羽，"心传目击之妙，一写于毫端间"。本书虽小，看似平淡，却蕴涵交大人的深情远致。我们希望从此书开始，如果可以使不管是远在他乡还是近在咫尺的交大人略微停下匆匆的脚步，望一望，念一念，就好了。

汪　铮

2017年6月6日

目录
contents

 绣球 · · · 002

 石榴 · · · 006

 睡莲 · · · 010

 杜鹃 · · · 014

 合欢 · · · 018

 黄水仙 · · · 022

 火棘 · · · 026

美人蕉 · · · 030

决明 · · · 034

㊀ 那年夏天看见的花，我想知道你的名字

贰　蝉鸣、西瓜，如繁星一般绚烂的夏天

040 · · · 葱莲

044 · · · 阿拉伯婆婆纳

048 · · · 天竺葵

052 · · · 栀子花

056 · · · 七姊妹

060 · · · 单瓣月季

064 · · · 叶子花

068 · · · 一年蓬

072 · · · 地锦

叁　如果生为一棵树，那就做一棵夏天的树

078 · · · 紫薇

082 · · · 蓝花楹

086 · · · 水杉

090 · · · 红千层

094 · · · 龙牙花

098 · · · 朴树

102 · · · 枫杨

㊀ 那年夏天看见的花,
我想知道你的名字

【 绣球 】

目 蔷薇目

科 虎耳草科

属 绣球属

借问芳名——西南交通大学风物志（犀浦·夏）

拉丁学名 Hydrangea macrophylla (Thunb.) Ser.

拍摄地点：九号教学楼

童稚痴狂撩乱走，
绣毬花仗满堂前。
——元稹

绣球

"繁花似锦"，这个成语总让我想起夏天。春花很难似锦，花树开得连绵一片，软红千丈，如云如霞。但夏花则不太一样。夏天，特别是盛夏，鲜有花树。低矮之处，灌木或是草丛，总是五彩斑斓、星星点点地开出一片彩锦来。不过要说起锦缎上能撑起气势的主花，还要数绣球了。

虽然绣球是灌木，却能长得很高大，经常能长到一个小孩子的高度。簇簇小花团团圆圆地聚成一个大球，所以《广群芳谱》中记载它"百花成朵，团圞如毬"，因此有"团圆花"之谓，又有"一团和气"的美好含义，故成为江南园林的常客。

说到绣球的古称——"绣毬"，和武侠小说里闺阁中的小姐选夫婿从楼上抛下的绣球还不太一样，指的是中空的皮球，和蹴鞠用的"鞠"也有分别。《汉书·霍去病传》中提道："鞠以皮为之，实以毛，蹴踏而戏也。"由此可知，鞠是填充了羽毛或者绒毛的实心球。而《中山诗话》上有一段记载："归氏弟子嘲皮日休云：八片尖皮砌作毬，火中燀了水中揉。一包闲气如常在，

壹 那年夏天看见的花，我想知道你的名字

绣球

拍摄地点：九号教学楼

惹踢招拳卒未休。"有文化的人骂起街来角度可真刁钻啊，不过从这首"毒舌"的小诗可以知道，毬确是中空的皮球。古人显然对自己能做空心球的这一份独运匠心十分得意，不过清代大才子李渔对此却颇为不屑，以绣球花讥之："天工之巧，至开绣毬一花而止矣……天工于此，似非无意，盖曰汝所能者，我亦能之，我所能者，汝实不能为也。"看来李渔先生是坚决否认人定胜天，秉持敬畏自然这一观点的了。

除了"绣毬"的古称，绣球还有一个"八仙花"的诨名，传说与八仙中的何仙姑有着千丝万缕的关系。但版本众多，感兴趣的同学可以自行收集，在此就不再赘述了。

绣球除了原产我国之外，也生长在和我们隔海相望的邻国日本。日语里把绣球叫作"紫阳花"。说到紫阳花这个名字，就不得不提到墙里开花墙外香的白居易了。对我们而言，唐诗必称李杜。但对日本人民而言，白居易才是上至天皇、下至卖花姑娘的全民顶级流量诗坛"C位爱豆"（网络语，即处于核心位置的偶像）。于是生长在日本的绣球花，也因为白居易的"何年植向仙台上，早晚移栽到梵家。虽在人间人不识，于君名作紫阳花"而得名紫阳花（其实白居易诗中的紫阳花，是丁香的可能性要更多一些）。说起来，紫阳花这个名字还真的很适合绣球，绣球花盛开的季节是初夏，花期能维持一至两个月。六月初的镰仓明月院是赏紫阳花的胜地。还有一班列车，沿途也种满了紫阳花。花开时节坐车观花，十分浪漫，足见日本人民对紫阳花的喜爱。

　　交大的绣球花是我最喜欢的一个品种：无尽夏（Forever summer）。比起其他只能在老枝上开花的绣球，无尽夏可以在新枝上开花，所以花量能是普通绣球的三倍左右，花团更加繁多紧簇，花期要比普通绣球长两到三个月，能开足一整个夏天。在碱性土壤里会开出粉红色的花球，在酸性土壤里会开出蓝色的花球，所以喜欢什么颜色，就可以用石灰或是硫酸铝调出来。交大的无尽夏主要开在九教至风洞一路的小花园里。

　　无尽夏开花了，夏天也就来了。

【石榴】

目 桃金娘目

科 石榴科

属 石榴属

借问芳名——西南交通大学风物志（犀浦·夏）

拉丁学名 Punica granatum L.

垂杨影里残红。甚匆匆。
只有榴花、全不怨东风。
——刘铭

拍摄地点：钟楼

石榴

榴月繁花，照入眼明，春去夏来，落红无数。春花开过之后的仲夏时节，石榴花盛放得最为火热。暮雨晓露间，红花似火，如茜初染。五月因此得了"榴月"之称。

石榴在世界农业史上是祖母级的树种，起源于巴尔干半岛。石榴和中国的缘分，要从张骞出使西域算起。李时珍曾引西晋张华之言："汉张骞出使西域，得涂林安石国榴种以归，故名安石榴。"石榴来到中原土地时，最早引种在京城上林苑。起初石榴花可看，而后发展至石榴花可食，逐渐飞入了寻常百姓家。

综合楼门前的两棵石榴树在盛夏红得耀眼，结果也是交大所有石榴树中最大方的，每每引得鸟雀驻足，饱餐一顿。北区钟楼前也有几丛石榴树，钟青榴红，甚是好看。石榴有着梅树的枝干，奇崛却不枯疾；杨柳的叶片，清新而不柔媚。最可爱的是它的花，直面炎阳，从不避易。无论单瓣还是双瓣皆够陆离，宛如夏季跳动着的最为鲜活的心房。"其在晨也，灼若旭日栖扶桑；其在昏

【石榴】

拍摄地点：五号教学楼

也，赤若独龙吐潜光。"

  我一直认为石榴是祥瑞的植物。"久旱逢甘霖，他乡遇故知。洞房花烛夜，金榜题名时。"人生的四件喜乐之事，两件与石榴相关。石榴花开之后，果实繁盛。一颗果实中有很多种子，有着"多子多福"的美好含义。这层寓意在生产力水平不高的古代有非常重要的意义。到了宋朝，有心之人会用石榴果实裂开后的种子数量，卜占当下科考上榜的人数，又言"榴石登科"，寓意才子题名金榜。

  石榴花的红华美异常、柔媚至极，却又不带一点侵略性。盛唐时期，美人好穿石榴花色的裙子，一颦一笑、一动一舞之间，有如清风扬起阵阵石榴花。风卷葡萄带，日照石榴裙。

  借着这片榴花，送一首小情诗给你：

  在石榴花丛中，那里有光，有酒，石榴花。

  倘若等不到你来的话，这一切都了无意义。倘若你来的话，这一切也将变得了无意义。

借问芳名——西南交通大学风物志（犀浦·夏）

壹

那年夏天看见的花,我想知道你的名字

【睡莲】

目 睡莲目

科 睡莲科

属 睡莲属

借问芳名——西南交通大学风物志（犀浦·夏）

拉丁学名 Nymphaea tetragona Georgi

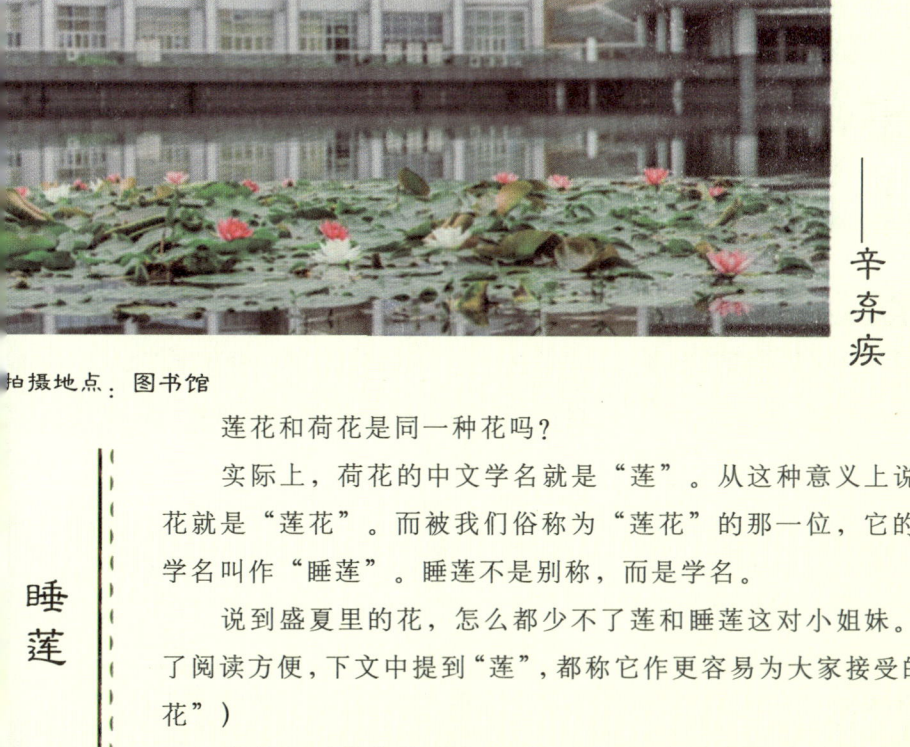

红莲相倚浑如醉，白鸟无言定自愁。

——辛弃疾

拍摄地点：图书馆

睡莲

莲花和荷花是同一种花吗？

实际上，荷花的中文学名就是"莲"。从这种意义上说，荷花就是"莲花"。而被我们俗称为"莲花"的那一位，它的中文学名叫作"睡莲"。睡莲不是别称，而是学名。

说到盛夏里的花，怎么都少不了莲和睡莲这对小姐妹。（为了阅读方便，下文中提到"莲"，都称它作更容易为大家接受的"荷花"）

荷花和睡莲在外形上，其实还是很容易区分的。荷花是挺水植物，立叶和花朵都伸出水面。所以，"出水芙蓉"，毫无疑问，指的是荷花。荷花的叶片是不开裂的，周邦彦有一首《苏幕遮》，是描写荷花最为精准的一首词，"叶上初阳干宿雨，水面清圆，一一风荷举"。"圆"是荷叶，"举"是出水，非常生动。而"睡莲"则是浮水植物，叶片和花都浮于水面上。睡莲的叶片都有一个性感的、深至圆心的"V"字开口。荷花所种属的"莲科"，只有红、粉红、白这三种颜色的花，一些特殊的培育品种也开黄色的花。

【睡莲】

拍摄地点：虹桥

睡莲则颜色艳丽、五彩斑斓得多。许巍歌里唱的"蓝莲花"，毫无疑问是睡莲。

既然外貌上这么容易做出区分，那么荷花与睡莲到底是怎么混为一谈的呢？

先不要着急责问古人。其实，荷花和睡莲在很长一段时间里，都被植物分类学家归于"睡莲科"。随着形态学和分子生物学的不断发展，学者们发现，其实两者在各个方面都存在着巨大的差异，才专门独立出了"莲科"。

有关"荷"与"莲"的古诗词不胜枚举，那么，我们先贤口中的"荷"与"莲"，到底是荷花还是睡莲呢？

其实，在中国古代，使用"荷"的时间要比使用"莲"的时间早得多。

西晋陆玑《毛诗草木鸟兽虫鱼疏》中记载"按茎负叶者，有负荷之义"，意思是说，荷花的茎真是太可怜了，背负着这么大的叶片和这么大朵的花，有"负荷"的感觉，所以就叫"荷"吧。

而"莲"这个名字的由来，则和佛教传入中国有关。有考古材料作为支撑，在中国早期的图画作品中，"莲"多为挺水植物，也就是荷花。但是在印度佛教绘画中，则多为浮水植物，也就是睡莲。敦煌壁画中早期的作品完全是印度式样的睡莲。从隋代开始，中国式的"荷"才逐渐融入。

睡莲也好，荷花也罢，中国古人对这对水中仙子姐妹，可谓青眼有加：何华、芙蕖，花蕾叫"菡萏"，满开称"芙蓉"……好听的名字起了一大堆。

不过十指终有长短，中国人似乎对荷花更情有独钟。但是也不用为睡莲遗憾，有一位西方印象派大师，却是个不折不扣的"睡莲狂魔"。对，就是莫奈。

莫奈说，他的一生只做了两件事：绘画和种花。是的，两样他都做到了极致。莫奈的后花园里有一池睡莲，然后，莫奈先生就画了一辈子的睡莲……经鉴定，莫奈先生有关于睡莲的作品250余幅，直接以睡莲为主题的就有181幅。最贵的一幅，拍卖出了8460万美金的天价，也是莫奈作品拍卖的最高纪录。

在横贯交大犀浦校区的河流上，每年夏天，图书馆前、虹桥边以及x桥边的水域上，都会盛开睡莲。我们也算是拥有了大师同款的睡莲"池塘"了。有兴趣的同学，也不妨和大师一样，在夏天到来时，一起拿出画笔吧！

【杜鹃】

目	杜鹃花目
科	杜鹃花科
属	杜鹃属

借问芳名——西南交通大学风物志（犀浦·夏）

拉丁学名 Rhododendron simsii Planch.

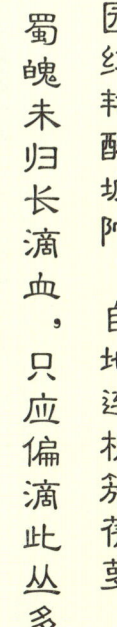

一园红艳醉坡陀，自地连梢簇蒨萝。
蜀魄未归长滴血，只应偏滴此丛多。
——韩偓

拍摄地点：X 桥

杜鹃

如果你行走在仲夏的山野中，时而可听见杜鹃鸟的叫声。那声音清脆短促，极具穿透力，在文人听来是"不归不归，不如归去"；化进农人的耳朵，则成了"布谷布谷"。

李时珍在《本草纲目》中有言："杜鹃花，一名红踯躅。一名山石榴，一名映山红。"杜鹃花生于山野，长于山野，主要分布在我国横断山区和喜马拉雅地区。重庆西南、秀山等地盛产杜鹃花，在那里，人们更多地称它为映山红。花期至时，一树繁花盛放在青山绿树之间，云蒸霞蔚，是最为热烈绚烂的光景。

"望帝春心托杜鹃。"相传杜鹃花是子规啼血染成，杜鹃鸟飞过的地方，遍地盛放杜鹃花。古蜀国望帝杜宇，逢洪水泛滥，因鳖灵穿巫山、引洪水有功，故让位于他。未成想鳖灵当政后暴戾无常，在其治下，民不聊生。杜宇在悲愤之中化鸟啼鸣，叫声凄厉，直至啼血，鲜血落地为花。

壹　那年夏天看见的花，我想知道你的名字

015

【杜鹃】

拍摄地点：虹桥

  关于杜鹃，自古就有许多文人风雅之事。白乐天任江州司马时，从山下移栽了几枝杜鹃，在给元稹寄诗之时，为盛赞它的华美，将其比作芙蓉、芍药，一句"花中此物似西施，芙蓉芍药皆嫫母"，赠予了杜鹃"花中西施"的美名。

  杜鹃有一个有趣的花语名为"节制"。虽然杜鹃总是给人喧腾烟火的质感，但它的热闹是只属于花期的热闹。花季之时，茂盛的枝叶上缀满了红色的花朵，花瓣如绸缎般展开。花瓣边缘弯弯曲曲的，有如仙女的裙摆，外部是五枚圆润的叶片，拖住中间藏着的细长嫩黄花蕊。微风拂过，火一样的杜鹃如彩蝶般在空中迎风舞动，团团簇簇，抖落云霞。但花落之时，却仿若从未眷恋枝头一般，整朵整朵坠落。

  我曾在二教的楼梯旁避雨，看着楼前栽种的小丛杜鹃，它的枝丫为花瓣撑起了一个小亭。穿过雨幕，透过水珠，是仿若清灰瓦片的晶莹花瓣。我在树下悄悄看着，想着那满山开遍映山红。如若可以，我想回到山野，重新见你。见你生长于谷雨风前，占得名花独秀；见你仍衬国色仙姿，应是春工之成就。

  长记于天，该是瑶池、阆苑曾有。

  愿君长有，天香满袖。

壹 那年夏天看见的花，我想知道你的名字

【 合欢 】

目 蔷薇目

科 豆科

属 合欢属

借问芳名——西南交通大学风物志（犀浦·夏）

拉丁学名 Albizia julibrissin Durazz.

拍摄地点：鸿哲斋

> 不见合欢花，空椅相思树。
> 总是别时情，那得分明语。
> ——纳兰性德

合欢

合与欢，这两个字无论是拆开来看还是合并而读，都带着绝好的寓意。字间生长着莫逆于心的喜悦和不离不弃的缠绵。

合欢，合欢。合心即欢。

或许你见过合欢花，黄白柔软的，轻轻盈盈的，盛开的时候仿若鸟儿的小片羽毛一样缀饰在树枝上。在浙园的湖心岛、北区鸿哲斋的临湖以及图书馆沿河的一侧，都生长着高大的合欢树。我曾在一夜傍晚，迎着成都许久不见的皓月，隔着细密的叶子，暗香浮动间闪烁着参差的鹅黄色花影。彼时初闻带着无名花香的初夏晚风，蓦地觉得和当年高考前站在一株树下乘凉的气味很像。树上那连绵的云朵，疏疏密密地铺成一张网，网中是你我18岁那年摇着蒲扇的夏天。这合欢花一开，令人无端温柔起来。

合欢的背后，有一个神仙界的美好故事。相传虞舜南巡苍梧，突遭不测而亡。其妃娥皇、女英遍寻湘江，终未得见。二妃抑郁难掩，眼泪尽而血泪出，血泪尽而终相伴，二妃遂逐其神而去。

壹 那年夏天看见的花，我想知道你的名字

再后来，有人发现她们的精魂与虞舜的精魂合二为一，生长出了一株合欢树。

合欢树叶，昼开夜合。清代李渔在《闲情偶寄》中曾提到合欢，篇幅虽然不长，但从描述来看，李渔对合欢也是极其感兴趣的。"此树朝开暮合，每至黄昏，枝叶互相交结，是名合欢。"他说合欢要栽种在夫妻卧房前。人开树亦开，树合人亦合。人为之增愉，树因得加茂。这段趣语跨过光阴，越过山河，与后世的我们不期而遇。史铁生在散文《合欢树》中轻轻记录下了生活的一笔。因身体的缘故，他变得暴躁无常，动辄将对生活的怨气迁于母亲。后来在他终于和生活和解之后，母亲已经离世。当他有一日鼓足勇气，回到旧住所，那里已经生活着一对夫妻。二人前一年生的小孩，每日不哭不闹，只盯着窗外的树影，那是母亲当年手植的合欢，而今已经亭亭如盖矣。

嵇康在《养生论》中有言："合欢蠲忿，萱草忘忧。"按照中医的药理倒也当真说得通：合欢能安五脏和心志，令人欢喜无忧。我一直觉得古人行走在车马之中的缓慢时光，比我们更浪漫。许是得了这层功效，古人有相赠合欢的习俗。合欢有着清新特别的香味，辅以夏日晚风带来的些许燥热，好似清清爽爽的莲子绿豆冰沙，滴入了桂花酿蜜，馥郁甘甜揉碎在风里。

黑夜从来不是黑色的。黑夜里的合欢花透着轻盈的月色。

我盼告知曹公，我也想喝那壶合欢花烫的酒。

壹

那年夏天看见的花，我想知道你的名字

【黄水仙】

目 百合目
科 石蒜科
属 水仙属

借问芳名——西南交通大学风物志（犀浦·夏）

022

拉丁学名 Narcissus pseudonarcissus L

拍摄地点：虹桥

> 水仙欲上鲤鱼去，
> 一夜芙蓉红泪多。
> ——李商隐

黄水仙

"躲得过初一，躲不过十五。"

我对水仙的认识，大概就是这句话的真实写照。

小的时候，一年一度的春晚和家家户户准时准点在电视机前的守望是每年冬月最温暖的一束光。

每到这个时候，中国人的桌子上总会出现一盘不能吃的"大蒜"，这盘大蒜会在温暖的暖气房里抽出蒜苗一般的绿叶，然后开出一组花蕊鹅黄、花瓣晶莹的花序。

曾经我以为，爱上自己的俊朗希腊少年纳西索斯以及"临水照花人"的张爱玲先生，都是这玲珑洁白的"水仙"。但令我感到迷惑的是，我在平静的湖水、湍急的溪流边，都不曾见过幼年和家中碎花桌布组成亲密组合的水仙花。

大概水仙对中国北方的孩子来说意味着新年和团圆，所以我一直自信不会闹出弄混水仙和蒜薹的笑话。

但是，人生就是这样处处有惊喜。

每年春夏之交，虹桥、图书馆以及浙园的湖畔，就会长出一

【 黄水仙 】

拍摄地点：虹桥

丛丛整整齐齐的高大"蒜薹"。我一度对这些生在水边的"蒜薹"充满了不解，直到交大的同学们都换上了短袖和连衣裙，它们也在这灿烂的日子里开出了明黄色的花朵。

含苞待放的黄水仙茎叶油绿而细瘦，摆在超市货架的样子和蒜薹当真有几分相似。曾听过中国留学生误将黄水仙识成蒜薹，引发食物中毒的新闻。从前威尔士的国家象征有三：红龙、韭葱和黄水仙，所以英国人是基本不会认错的。这对他们而言太熟悉的花草植物，在我们国人眼中着实太像蔬菜了。由于这个原因，年年二月，伦敦的医院中都会出现一批批误食黄水仙的留学生们。最后公共卫生监督机构对超市发出通知：禁止把水仙摆在蔬菜附近。

每年残冬退去，伦敦城里人们都会迫不及待地将象征生机与活力的黄水仙放到向阳的窗台边，哪怕彼时它还未到花期。这是一种生长在英格兰土地上的精灵，在田野、在路边，甚至在深宅庭院，迎着阳光，绽出灿烂的笑脸。它们走过原野，穿过城市，路过村落，漫步于山野。它们在冬雪、春风后睁开双眼，朝向这美好世界。

与中国水仙不同，黄水仙一枝即是一朵，连绵成片的时候灿烂而娇俏，虽未藏沁人心脾之香，却喜得花开的饱满鲜丽。明黄的花瓣在风中温柔地飘摆，于这情窦初开的花园里，高昂地吟唱着生命的明亮不屈。

再后来，对这捧金黄的植物产生些许独特的情愫便是在看影片《大鱼》时了。这部爱情剧作其实并无太多对爱情的描写，却将最动人的笔墨留给了那弥漫在眼前、望不到边际的金黄水仙。你说你喜欢黄水仙，那我倾尽全城送你一座花园。生活无奈，底色苍凉，但在生活的外表上涂上彩虹颜色的人，都是值得尊重和依赖的，因为我们有爱。

你若让我在红玫瑰与白玫瑰中间选择一个。

我都不选，我喜欢你喜欢着的黄水仙。

【火棘】

目	科	属
蔷薇目	蔷薇科	火棘属

借问芳名——西南交通大学风物志（犀浦·夏）

拉丁学名　Pyracantha fortuneana (Maxim.) L

拍摄地点：蓝桥

犹见青枝含艳果，孤山晨色好风光。
独赏一穹霜。

——欧阳贤

火棘

小时候没有平板电脑，也没有各种各样的小游戏。那个时候放假了，最快乐的事是去外婆家。大人们在屋内聊天打牌，哥哥带着我们几个半大的娃娃到山间地头爬高踩水。在野外常常碰到一种红红的果子，酸酸甜甜的竟然挺好吃。偶尔哥哥会折下来几支，我们将这一抹红澄拿在手里，奔跑着穿行在一片山野当中。这是记忆中的童年模样。

再后来在解说牌上才得知它叫火棘，在学校认它作"状元红"。火棘果又名救济果、救军粮、吉祥果。听名字就知道其中定蕴藏着许多年岁久远的故事。相传三国时期，孔明先生在带兵伐魏时，断了粮草。前方探路的士兵发现了漫山遍野的红果，呈报给诸葛亮。诸葛亮发现树周盘旋着许多正在啄食果子的鸟儿，当即下令让士兵采食野果，以果代粮，终于转危为安。不论这个故事真实与否，灾荒时期，抗战年代，粮食骤然短缺，这喜庆鲜

火棘

艳的果实确是挽回了许多生命，当得起这吉祥之意、如意之名。听说外婆的家门前如今也种了几棵火棘，每年冬日，尤其是晨间的薄雪后，鸟儿觅食物被一地苍凉掩盖，就会到门前的火棘树上吃果子。一树的果子不多时日竟也被吃光了。

"夏日白花密，秋来万籽红。"火棘便是这种生于四季、四季精彩的典范。夏有繁花，秋有赤果。火棘属蔷薇科火棘属，一年四季都是一副翠绿有生机模样。它的枝叶虽柔小，却贵在有不凡的生命力。无论在平原、沃野，或是戈壁、荒山，都有它生根发芽、结果留花的可能。初夏时节，嫩枝外包裹着锈色的短绒毛，花朵洁白如雪，净无瑕秽，带着不浓不淡的细碎花香。待盛夏花朵满开时，宛若一个大大的白雪球。一日雪样的花瓣落尽，绿叶中便初生黄豆大小的小青果。这个时候可千万莫图口舌之快噢，果实未熟，酸涩得令人转不动舌头。

交大沿河一带，生长着许多丛火棘。从夏日如雪的繁花，到冬日里鲜艳的红果，每一个朝暮都静静地在河畔边陪伴着读书或练琴的交大人。

从寒冬走来，再见火棘已不会常想到可作食物饱腹了，而纯作为自然美景欣赏。愿火棘常做岁月静好状元红，而非离乱灾荒救命粮。

壹 那年夏天看见的花，我想知道你的名字

【美人蕉】

 目 芭蕉目
 科 美人蕉科
 属 美人蕉属

借问芳名——西南交通大学风物志（犀浦·夏）

拉丁学名 Canna indica L.

照眼花明小院幽，
最宜红上美人头。
——庄大中

拍摄地点：天佑斋3栋

美人蕉

《广群芳谱》有言："自东粤来者，其花开若莲而色红若丹，其花四时皆开，深红照眼，经月不谢，中心一朵，晓生甘露，其甜如蜜。"美人蕉是夏季草木里盛开得比较久的，从春天一路开到炎夏，甚至颇带冷意的深秋也可寻到其芳影。

一方水土养一方人。美人蕉来自南美洲北部、印度、马来半岛等热带地区，喜爱温暖湿润的气候。在它的原生地，日照当头，周年花开不败。哪怕适逢酷暑，迎着骄阳，美人蕉仍然盛放不歇，不见收敛。

按照佛教的说法，美人蕉是由佛祖脚趾上流出的血变成的。其花多为红、橙、黄，有斑或无斑，有些细如纤纤玉指，也有些如姑娘回眸扬起的裙摆。无论哪种形态，远看皆似片片红霞。许是如此，美人蕉在起初也被称作"红蕉"。直到晚唐时期，罗隐一首"芭蕉叶叶扬瑶空，丹萼高攀映日红。一似美人春睡起，绛唇翠袖舞东风"，才使美人蕉这个名字渐渐传播开来。

我关于美人蕉的记忆是带着点调皮和美好的。小时候，邻居

美人蕉

家前种了一大片美人蕉。那时候最大的乐趣就是呼朋唤友来到花前，顽皮地摘下一朵，将花掰断后，深深吸吮花朵根部。那花蜜味道像极了糖浆。但因为花枝较高，蜜蜂有时会躲在里面采蜜，蚂蚁会藏在蕊中栖息。有时候吸出一脸不解的蜜蜂和蚂蚁，赶忙哇呀呀地跑离花丛，留下身后一片孩童的轻笑声。这都是一些久远的记忆了。再后来便是那年毕业季，朋友说有一次我们几个人都有点"微醺"，路过宿舍楼前的一片美人蕉。我对朋友们说："那个花可以吃的，尾部有花蜜，我小时候最喜欢。"说着便要去采，一不留神倒在花坛边。抬头看到的，是成都久违的星星。

有时会听人说，柴米油盐终究是难以入诗的，但我却总觉得生活比山川和诗歌更加古老，也更加有力量。现在偶尔听到风吹动美人蕉的沙沙叶声，当年成群结队吸花蜜弄了一脸蚂蚁的娃娃们如今也该长成翩翩少年了吧。当年的那片美人蕉呢，大概也会甜蜜着这一代疯野的孩童吧。

花许是开了，我多想摘下一朵与你尝。

壹 那年夏天看见的花,我想知道你的名字

【决明】

目	蔷薇目
科	豆科
属	决明属

借问芳名——西南交通大学风物志（犀浦·夏）

拉丁学名 Cassia tora Linn.

雨中百草秋烂死，

阶下决明颜色鲜。

——杜甫

拍摄地点：天佑斋17栋

决明

决明也可以算是故事里的小黄花了。

最初听闻决明的名字，不是因为它明艳的花朵，而是一味长得丑丑的、经常出现在爷爷保温杯里的中药——决明子。《本草纲目》记载它"除肝胆风热，淫肤白膜，青盲"，是明目的药物。

人类是怎么发现这些花花草草能有治病的功效的？这件事我一直很好奇。

把整株植物作为食物是可能的。但大多数用作药材的植物都难以入口。古人到底是怎样总结出这些草药的药性，怎样发现了一株植物的叶、花、根、果药效还有所不同，以及想出酒蒸、发酵、焙烤、结霜、治胶这些稀奇古怪的手法的？我们都不得而知。

唐代诗人白居易在罹患眼疾时，调侃自己生病的烦恼是"纵逢晴景如看雾，不是春天亦见花"（这大概是高度近视加散光吧），也曾求助于决明子"案上漫铺龙树论，盒中虚捻决明子"，可见决明子入药历史之久远。

在交大，各个生活区中都能常见到决明。一种是入夏起就常

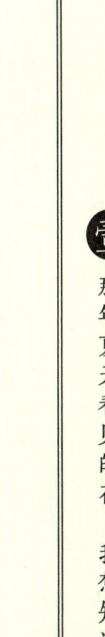

【决明】

拍摄地点：二食堂

见的开花的黄槐决明，长得比较高大（毕竟是小乔木）。黄槐决明的叶片比较多，有七到九对，花期超长，几乎从天暖开到天寒。还有一种是双荚决明，是路边经常能看到的长得乱糟糟的乔木，叶片通常只有三四对。夏末初秋是双荚决明扬眉吐气的日子。

黄槐决明的荚果扁胖扁胖的，很像荷兰豆。双荚决明的荚果则圆滑细长，像瘦身成功了的四季豆。泡水喝的决明不是这两种，而是经常能在交大路边花坛或是草丛里见到的另一种一年生草本植物，开出的花和前面提到的两种决明差不多，从盛夏八月开始，一直热热闹闹的持续到十一月左右。

壹 那年夏天看见的花,我想知道你的名字

㈡ 蝉鸣、西瓜,
如繁星一般绚烂的夏天

【葱莲】

目 百合目
科 石蒜科
属 葱莲属

借问芳名——西南交通大学风物志（犀浦·夏）

Zephyranthes candida (Lindl.) Herb.

花枝草蔓眼中开，
小白长红越女腮。
——李贺

拍摄地点：一号教学楼

葱莲

贰
蝉鸣、西瓜，如繁星一般绚烂的夏天

"生如夏花之绚烂。"

年少时读到这句诗，总觉得有些奇怪。要说绚烂，无论如何也是春花更绚烂一些。棠红梨白，桃艳杏雪……不胜枚举。但要说到夏天里开的花，一想之下，确实说不出什么名字来。

夏日的成都多暴雨，电闪雷鸣、大雨倾盆过后，翌日清晨，碧绿的草坪上会奇迹般凭空出现一条灿烂的"银河"，风一吹，波光粼粼。

我第一次见到这条"银河"，是初来交大读书的时候，在一、二号园区之间的草坪上，被它们的绚烂惊艳到甚至误了上课的时间。从那时起，我就很想知道它们的名字。

葱莲，其实它们还有个雅致的别称叫"玉帘"，但我查遍了也查不到这个别称的出处。有说这是日本对它们的称呼，因此也曾向几个日本友人求证过，得到的回答毫无意外地一致："すみません、わかりません"（对不起，我不认识它）。直到看到一部叫作《牵牛花与加濑同学》的动画，葱莲作为这部校园恋爱作

041

【葱莲】

拍摄地点：图书馆

品重要的氛围营造"担当"，频繁地出现在草坪和花瓶里，我才知道，它在和我们一水之隔的邻国的名字叫作"タマスダレ"（玉簾）。

　　作为林下半树荫处的园林地被植物或是花坛、花径的镶边材料，葱莲如它大俗大雅的本名一样，并不奢望有多少人认得它甚至是记得它。关于葱莲的记载，典籍大多语焉不详。我只知道它与它的另一位"同胞姐妹"韭莲在我国西南地区被合称为"风雨花"。

　　小葱和韭菜经常傻傻分不清楚，葱莲和韭莲自然也是如此。早些年倒是可以从花色上区分，葱莲是白色，韭莲是深粉色。不过近几年培育出了粉色的观赏品种葱莲，最准确的辨识方法就只有看叶子了。顾名思义，葱莲的叶子圆厚，很像沙葱或是藠头，直立生长。韭莲的叶子则扁平似韭菜，斜生。"风雨花"这个名字倒与它们十分相符。六月到九月的盛夏酷暑，看似娇弱的它们，总在每一场暴雨之后，以惊人的气势扩张自己的势力，把夏天开得繁盛而灿烂。

　　按说从外观方面，葱莲半分不逊于水仙，但是直到今天，大多数人都对贱生贱长的葱莲知之甚少，我们只能偶尔从社会新闻中得知它的一些负面消息：总有人将它当作薤头食用而中毒。虽然葱莲有毒，它却可以入药，中医叫它"肝风草"，药名仍然毫无美感。但那又怎么样呢？葱莲从南美洲跋涉而来，不知何时起在中国大地上生根发芽，兀自美丽。

在交大，起初它只是开在园区前的一片草坪，后来开满了二教银杏树下的花坛，再后来又蔓延到了图书馆前黑天鹅们常栖息的湖心岛上……不知不觉中，它们已经占领了交大的整个夏天。

贰 蝉鸣、西瓜，如繁星一般绚烂的夏天

【阿拉伯婆婆纳】

目 管状花目
科 玄参科
属 婆婆纳属

借问芳名——西南交通大学风物志（犀浦·夏）

044

拉丁学名 Veronica persica Poir.

破破衲，不堪补；寒且饥，聊作脯；饱暖时，不忘女。

——王磐

拍摄地点：一号教学楼

阿拉伯婆婆纳

贰 蝉鸣、西瓜，如繁星一般绚烂的夏天

作为一个在成都生活了多年的交大人，大致也掌握了属于这个城市的特别的季节变化规律。冬装要到清明之后才能收起来，春装倒是不用买的。清明前后，气温会在某一天突然蹿至盛夏，然后又开启维持一周的"满30减20大放送"。羽绒服和短袖在这一周里会奇妙地出现在同一个时空里，于是大家也就拿"一年四季随机播放"的成都春天开起了玩笑：别的城市的春天是温柔可爱的春姑娘，我们成都的春天，是个疯婆娘。

春日里那些曾经惊鸿一瞥的花树们，哪里经得起这"疯婆娘"的严刑拷打，几乎也是在这短短的一周之内，迅速地零落成泥碾作了尘。在一地凋零的残红之中，某一个温暖的夜晚，草地里却突然就生出了一大片蓝色的星海。

婆婆纳其实是一个大家族，中国也原产有婆婆纳，花朵要比阿拉伯婆婆纳小很多。虽然都是一家人，但是在这个"看脸"的世道里，阿拉伯婆婆纳可爱的蓝色小花，加上从白色的花心向外

阿拉伯婆婆纳

辐射出的精细条纹，从稍远一点的地方来看，就像是自带光芒一样。这样的天生丽质很快就受到了园艺界的喜爱。阿拉伯婆婆纳花期很长，从春夏交替时开始，一直到十月夏天终结，这一片"星光"成了很多少男少女躺在草坪上聊诗词歌赋、人生理想的青春回忆，加上睹物思人这个大绝招，阿拉伯婆婆纳就更受欢迎了。

就像是阿拉伯数字其实是古印度人发明的一样，阿拉伯婆婆纳的原产地其实是在欧洲，被经商的阿拉伯人从丝绸之路带到了中国。

阿拉伯婆婆纳的生存能力非常强，干旱的沙地、潮湿的背阴、田间地头，哪里都能安家。哪怕是养不活仙人掌的"手残党"，都可以将它作为园艺入门植物来练手，随便揪一把婆婆纳，最好是能带一点根，扔进潮湿的土里，然后就等着收获一花盆的小银河了。

也正是因为阿拉伯婆婆纳的生命力实在是太过于顽强了，这位"自来熟"的异邦少女很快就开遍了我国的大江南北，以惊人的数量取胜，迅速登上了野花界"热搜"的头把交椅。虽然数量庞大，但所幸这位少女比较温和，没有造成什么大祸害，于是阿拉伯婆婆纳并没有被列为入侵物种，并得到一个名称：归化种。像是大唐盛世坊间压酒的金发碧眼的胡姬女郎，身姿曼妙，开口却是地地道道的长安话一样，久而久之，除了在叫它本名的时候，我们基本也就不拿它当"外人"了。

阿拉伯婆婆纳的果荚也很可爱，桃心形，一捏，"啪"的一声。阿拉伯婆婆纳可以说是"野火烧不尽，春风吹又生"的最佳代言人，它真的太坚强了。

贰 蝉鸣、西瓜,如繁星一般绚烂的夏天

047

【 天竺葵 】

目　牻牛儿苗目
科　牻牛儿苗科
属　天竺葵属

借问芳名——西南交通大学风物志（犀浦·夏）

拉丁学名　Pelargonium hortorum Bailey

拍摄地点：九号教学楼

秋阳斜依在院子中，鹅卵石闪着幽幽的蓝光，门廊里一盆天竺葵繁茂生长，绽放着这个季节——同时也是，这个世界的——最后的热情。

——约翰·班维尔

天竺葵

当我们谈论爱情的时候，我们在谈论些什么？

许多人对爱情的最直接的联想，应该离不开玫瑰。爱情在它的一个维度上，确实有着玫瑰一般的冷艳和高贵，吸引着你的渴望，和那么一点不可名状的小心翼翼和患得患失。但爱情还有另一种样子，似乎碰不得也摸不着，但其实一直在身侧，有着阳光下乐观喜悦的微笑。

爱情不会永远高高在上，所以尘世才有了天竺葵。

天竺葵有一个听起来就柔和非常的别名——"平民玫瑰"。褪下了高贵的外衣，它更能代表爱情内核，像我们年少时期惦记着的那个人，纵使伫立在风雪中，亦能常伴清香。一切待风雪过，春暖时，它再次怒放出明媚的光彩。

天竺葵又被称作"洋绣球"，也许再没有什么花能像它一样，可以自己撑起一片阳台了。它的盛放是浓郁甚至有些壮烈的，花朵成簇开放，轻轻巧巧地就团成了一个花球。天竺葵在女孩子那

天竺葵

拍摄地点：九号教学楼

里或许并不陌生，这可能主要归功于芳香类的天竺葵品种群。它的叶片在被触摸后有着明确而独特的香味，可用于提取精油。这种独特的香味介于玫瑰的香甜和佛手柑的草本之香之间，会让人产生难以名状的美好感受，抚慰着天地之间原本躁动的万物。

　　天竺葵是匈牙利的国花，原产于非洲大陆的好望角地区。那片神秘野性的土壤赋予了这片土地上所种的生物一抹传奇色彩。一些人深信它可以驱赶恶灵的势力。看那房屋周遭、阳台墙角，随处可寻到天竺葵盛放的痕迹，倒也成就了一番浪漫迷人的景色。

　　我在你的梦里看到一幢用玫瑰色的砖盖成的漂亮房子，它的窗户上有成簇的花朵，犹如青空泼釉。屋顶上空低旋着鸽子，花园吊绳上晾晒着衣服。太阳为我们留下了这瓶天竺葵。

　　一切如斯，是最温润美好的样子。

贰 蝉鸣、西瓜，如繁星一般绚烂的夏天

【栀子花】

目 茜草目
科 茜草科
属 栀子属

借问芳名——西南交通大学风物志（犀浦·夏）

052

拉丁学名 Gardenia jasminoides Ellis

拍摄地点：天佑斋1栋

> 栀子交加香蓼繁，
> 停辛伫苦留诗君。
> ——李商隐

栀子花

栀子最早进入人们的视野，倒不是因为花开或者花香。而是因为它橙黄色的果实可以提炼出色素，古人谓之"栀黄"。提炼栀黄今日虽已少见了，但栀黄在当时却是应用最广的染料。《史记》有载："千亩卮茜，其人与千户侯等。"我们寻常人追求的生活一向实际，免不了柴米油盐，永远都是先解决了温饱问题，再来谈浪漫和情趣。种栀子为了提其颜色，栽梅花为了取其梅子，养牡丹为了得其丹皮。再后来饱暖已成，那姹紫嫣红的花花世界才栽种在眼睛里。

"家室万株，望如积雪，香闻十里。"栀子花的美丽并未被忽视太久，那洁白层瓣的花朵和馥郁袭人的香气太符合大家对香草美人的想象。后来栀子花也被称为"同心花"，许是因为它花形包裹的规律，又或者是因为它结子同心的特点。在那些一草一木都可以用来传递情意的岁月里，"我喜欢你"当真重逾千斤，以至于让人羞于表达。对于情窦初开的少女、暗含爱慕的年轻人，折下一朵栀子赠予对方，不失为一种妙法。

贰　蝉鸣、西瓜，如繁星一般绚烂的夏天

栀子花

拍摄地点：天佑斋1栋

在以后的漫漫岁月里，我愿与你同心。

我们是听着《栀子花开》和《后来》长大的一群人，对于"栀子花，白花瓣，落在我蓝色百褶裙上"有着最美好的想象。直到六月，第一次在宿舍旁边见证栀子花盛放，看着青翠紧实的花苞一圈一圈地旋转着打开，然后是白色的花瓣，带着一点迟疑、半分含蓄，好像是青春期的我们那锁着的日记本中藏着的心事。再然后，好似某一天突然决定吐露了，栀子便涌出了一阵阵浓郁芳香。

交大的十二个月里，三月玉兰，四月海棠，七月芙蓉，八月丹桂，九月银杏，十二月蜡梅，月月皆是花期。其中难说最爱，但是我却当真最眷恋栀子盛开的六月。那是成人礼的六月，毕业季的六月，几乎所有心里荡漾着花事未了的青春情怀的人都无法忘记晚风带来的阵阵花香。离别的味道和栀子花很像，浓郁得化不开。青春有很多惊人的契合，有时很不合时宜，恰好在这个时候，你将告别我，而我将远离你。

栀子花用漫漫三季孕蕾，在炎炎夏日开放。花开半夏，意味着我们要和一群人说再见了。但这似乎也预示着我们要在下一个街角重新认识一些人，轻轻道一句："你好。初次相遇，请多多关照。"

贰

蝉鸣、西瓜,如繁星一般绚烂的夏天

【 七姊妹 】

 目　蔷薇目

 科　蔷薇科

 属　蔷薇属

借问芳名——西南交通大学风物志（犀浦·夏）

拉丁学名 Rosa multiflora Thunb.

拍摄地点：浙园

七姊妹

七姊妹隶属我们都不陌生的蔷薇科，是野蔷薇的一个变种，一蓓十花或七花，因此得名。

蔷薇属的美人实在是太多，不仅姿色冠绝，且都"才华横溢"。蔷薇可提炼香料制成香水，玫瑰可以几经烘焙化为餐点，月季在中医药材之中当占一席之地。

希腊神话中有一段缠绵的故事。相传爱神阿芙洛狄忒为了寻觅她的情人阿多尼斯，曾赤脚奔跑在一片蔷薇丛中，花刺刺穿了她的手脚，鲜血滴落在白色的蔷薇花丛中，染红了洁白花瓣。

花落花开无间断，春来春去莫相关。七姊妹又名"月月红"，叶子不大，秀气地点缀在密集的花朵枝叶中。七姊妹生着或大红或浅粉的花朵，开起花来，满盆满景皆如此。即使朔风四起、众芳凋落之时，它们依值花期。花开得久了，累了，

红罗斗结同心小，七蕊参差弄春晓。
尽是东风儿女魂，蛾眉一样青螺扫。
三姊娉婷四妹娇，绿窗虚度可怜宵。
八姨秦国休相妒，肠断江东大小乔。

——杨基

贰 蝉鸣、西瓜，如繁星一般绚烂的夏天

七姊妹

就轻轻地脱开花萼，慢慢地飘动，直到落在地上，这才算完成一次完美的谢幕。

通向宿舍园区的小路上，好多地方大簇大簇盛放着七姊妹花。七姊妹的花瓣小巧玲珑，一层叠着一层舒展开，妩媚温柔的红花点缀其间。不管是含苞待放的花蕾，还是正在绽放的花朵，香气都是浓郁而淡雅。这是那种看着就轰轰烈烈的花，却不像杜鹃般如炽热红霞染遍山野。在初夏的燥热里，如此繁盛的花竟也存着些许静谧。花丛边，女孩们骑车走过，风扬起长发。稀疏的夏日阳光透过叶缝，洒落一地光斑，映在重瓣里，落在衣衫、指间以及睫毛上，摇曳跳跃，又被笑容溅开。

"七姊妹花始吐芳，便招蜂蝶示清香。"花开之时，七八朵缀在一条枝丫上。对七姊妹花而言，它的美不在于哪一枝独秀傲然争芳，而在于那一丛结队而至荼蘼。这样想来，七姊妹从名字到模样都有点像青年时期女孩子之间的友谊，美好华丽，带着一点不可名状的包容与迁就。那些渺远的记忆，仿佛隔着灰蒙拥挤的岁月，极浅极淡，又似乎触手可及。

七姊妹花易开，七姊妹情难结。你会记得，曾试图留住那一季花期的它吗？

贰　蝉鸣、西瓜，如繁星一般绚烂的夏天

059

【单瓣月季】

目 蔷薇目
科 蔷薇科
属 蔷薇属

借问芳名——西南交通大学风物志（犀浦·夏）

拉丁学名 Rosa chinensis Jacq.

相看谁有长春艳，
莫道花无百日红。
——董嗣杲

拍摄地点：浙园

单瓣月季

你记忆中的月季是什么样子？

是不是好像有着和她的姊妹蔷薇、玫瑰相似的容貌，层层花瓣叠成了优雅的酒杯形状。任谁从花丛中走过，都忍不住去看两眼，或许还会拍拍身边的同伴，故作浪漫地折一枝下来。

"喏，送你一枝野生的玫瑰。"

这些你想象的样子，在单瓣月季身上也许都无法实现。单瓣月季确是月季花圃中的"单眼皮"美女。它的美是偏于婉约派系的，不似花开富贵，红裳一梦，倒是多了一点小桥流水的恬淡模样。我们中的大多数在不经意间其实已经见过单瓣月季了。你也许也喜欢过那些栽种在绿化带中间红红粉粉的小花吧！它们悄然绽放，等待一阵风来。

单瓣月季家族中的少女名字都起得梦幻非常——芭蕾舞女、俏丽贝丝、白日一梦、漂亮的吻、卖花女孩、仙女罗瑟琳。我曾有幸见过一片俏丽贝丝，只那一眼我便明白"最美单瓣"之名从未虚传。从花蕊到花丝以及花瓣皆是不浓亦不淡的胭脂粉色，暖

【单瓣月季】

暖的好似少女颊边染上的红霞。花朵边缘带着清浅的弧度，如海面涌起的轻柔波浪。习惯了重瓣月季的花团锦簇，殊不知如此简单的一朵竟也蕴藏了无尽美感。单瓣月季虽说季季均可流芳，但每一季的花期极短。最有耐心的赏花人才可用三天的时间完完整整地一览芳姿。

单瓣月季相较于重瓣要简单太多，不似我们记忆中那般浪漫华丽。尤其是一丛重瓣月季中的几株单瓣月季，相较之下愈发清冷的风姿便着实显得单薄了。很难想象的是，这样一束花，没有了层叠花瓣的加持和袭人香味的吸引，却依然能在这世界里引人注目，娇然美丽。听说月季花最原始的模样就是单瓣的，彼时它生于乡野，亦长于山野。山前高歌，水畔细雨。它的脚步穿过海洋，涉过山川，拥抱着黑暗，沉睡于黎明。直到有一天被人发现，采撷回去，几经培养扦插后，成了如今的模样。

它永远美丽如往昔，一如我们的生活，虽然简单，但透着光明。

贰 蝉鸣、西瓜,如繁星一般绚烂的夏天

【叶子花】

目 中央种子目

科 紫茉莉科

属 叶子花属

借问芳名——西南交通大学风物志（犀浦·夏）

064

拉丁学名 Bougainvillea spectabilis Willd.

含蕊红三叶,
临风艳一城。
——《三角梅》

拍摄地点：综合楼

叶子花

　　这是一种名为"叶子花"的花。年年岁岁，月月日日，在南方随处可见。不论在怎样贫瘠的沙土地上，仓促的人行道边都不缺这一抹紫红色的身影。在北方，叶子花则多用于盆栽，很难看到散养的叶子花绵延千里的盛况。我第一次看到叶子花，是在鼓浪屿。行走在小岛的小径上，时时见到多彩的叶子花探出围墙，为本就极具文艺气息的海岸小岛平添了几分风采。妈妈指着身边的一瀑紫红说："家里怎么样都难活的花，在这里随随便便也能开满南山噢！"

　　叶子花，又名三角梅、三角花，也叫簕杜鹃，我更喜欢古时我们对它的另一个别名——九重葛。草木的汉语名字，有时当真美得神奇。一串红，二悬铃木，三年桐，四照花，五针松，六月雪，七里香，八角茴香，九重葛，百日红，千年藤，万年青。一个数字、一个单位组合起来便唤出了姹紫嫣红的大千世界。

　　花是叶子，叶子亦是花。它那看着艳丽如花瓣一般的东西却是它的苞片，也可以算作叶子，而非花朵本身。它的花朵是像花

贰　蝉鸣、西瓜，如繁星一般绚烂的夏天

【 叶子花 】

拍摄地点：综合楼

蕊一样白白小小的几瓣，藏在苞片中间。看叶子花经常令人感叹大自然的造物当真有趣，每一朵花的形态也许都自有它的意义。叶子花的花朵本身是小小的一只，风一吹或许就散了，更不提该如何吸引野蜂为之飞舞。于是它开出了那包裹着它的瑰丽叶片和蜿蜒而上、花开千里的浪漫，在盛夏的百花中央有了姓名。

叶子花原产自南美洲的巴西、秘鲁、阿根廷一带，和那片土壤上生活着的人一样，骨子里就带着热情洋溢的基因。作为一种攀缘藤木，若养护得当，你会看到叶子花在盛夏的日光下开放得那么热烈，繁花似锦。据说希腊伯罗奔尼撒半岛上有一条种满了叶子花的花街。那里的叶子花攀缘在高大乔木上，绿树上长满了红花，花枝从墙头倒垂下来。在墙角，在楼边，一枝一蔓绵延开来，最壮观的地方甚至会开成紫红色瀑布一般的花海。

在时间的核中，晨昏都是敏锐的线条。你说未来该是什么颜色的？

是像槐花一样浅浅的明黄，还是叶子花一样浓郁的紫红？

借问芳名——西南交通大学风物志（犀浦·夏）

贰

蝉鸣、西瓜,如繁星一般绚烂的夏天

【 一年蓬 】

目	桔梗目
科	菊科
属	飞蓬属

借问芳名——西南交通大学风物志（犀浦·夏）

拉丁学名 Erigeron annuus (L.) Pers.

拍摄地点：七号教学楼

> 蓬生非无根，飘荡随高风。
> 天寒落万里，不复归本丛。
> ——杜甫

一年蓬

蓬于旷野，一年一生。

一年蓬归属于菊科飞蓬，原产北美洲，身材修长，娇俏的花朵和清浅的花色透着清新的文艺气息。在其众多别名中，它有一个我们最熟知的响亮称号——墙头草。然而就其花朵本身而言，它带着我极其欣赏的随遇而安的气质。

一年蓬在医学领域是一味良药，有着明显的治疟功效，清热解毒，生死之间，可救人一命。根据生态学的理论，一年蓬又是一种"先锋物种"。其因强大的繁殖力，沾土就长，成为开荒拓野的好帮手。但它又常成为入侵物种，侵蚀草原牧场。很多除草剂对一年蓬无效，它像三四岁的孩童一般，从可爱的天使模样到调皮的小恶魔的转变，只在顷刻之间。

一年蓬的花形和马兰非常相像，有着白色的、小小的舌形花瓣，中间藏着鹅黄色的花蕊。一年蓬的主茎上可生发出数枝花芽，一层一层犹如玲珑宝塔层叠。一年蓬生于乡野，有着田园牧歌式的小花小草小人家、"把酒话桑麻"的安逸洒脱。一年蓬承袭了

贰 蝉鸣、西瓜，如繁星一般绚烂的夏天

一年蓬

飞蓬植物遇土落根的超凡生命力，面朝蓝天，深扎黄土，不必播种亦不必管理。它自花开成海，盛放在田埂边。

年复一年，花如其名。一岁一枯荣，说的是一年蓬；自伯之东，首如飞蓬，说的亦是一年蓬。虽然每一株植物的生命不过数百天，但每株一年蓬带有 30 000 余粒种子。等一阵风来，它们的生命落在别处，子孙代代无穷尽也。因此我半开玩笑地说，倘若有一天人类从地球迁徙而去，我毫不怀疑一年蓬是狂欢最热烈的物种之一。

"走马兰台类转蓬。"有人说它卑微且隐忍，居无定所便处处可居，处处可居便漂泊无依。蓬属植物根浅、株高、叶多，于秋天枯去，根株断开，随风而旋。因此蓬属植物于文学意象中更多地被寄寓漂泊无涯的身世之感。虽于此地同君一别，孤蓬万里，但人的一生如山河万里，来往客无数。有人为江河添色，有人塑其脊梁，大限到时，不过是立在山巅，江河回望。

你看那陌上花已开，君可缓缓归矣。

贰 蝉鸣、西瓜,如繁星一般绚烂的夏天

071

【地锦】

 目 鼠李目
 科 葡萄科
 属 地锦属

借问芳名——西南交通大学风物志（犀浦·夏）

拉丁学名 Parthenocissus tricuspidata

拍摄地点：五号教学楼

扑檐直破帘衣碧，
上砌如欺地锦红。
——唐寅

地锦

有的时候站在城市中央，眼见万丈高楼平地起，眼见一车车混凝土被拉来又拉去。这是一个钢筋水泥筑成的丛林，有着生硬的棱角，驻扎在脚下的每一寸土地上。我原以为这些楼会本能地冷漠着，感受着阳光灼过它们的每一寸肌肤。直到我绕到它们的背后，看到墙上攀缘着的暑意夏消后依然盘虬的地锦，在不热不燥洒进罅隙的阳光里呼吸。这片楼宇连带着空气都变得温柔起来。

我对地锦的第一印象源自小时候读过的叶圣陶先生的小散文。"那些叶子绿得那么新鲜，看着非常舒服。叶尖一顺儿朝下，在墙上铺得那么均匀，没有重叠起来的，也不留一点空隙。一阵风拂过，一墙的叶子就漾起波纹，好看得很。"

地锦是一种耐寒耐旱的城市垂直绿化植物，对空气中的二氧化硫有较好的吸附作用，并且可以降尘减噪，将其形容为"尘世净化器"毫不夸张。地锦有"脚"，善攀缘。它的脚是变形的枝条，一旦受到触碰，这些细胞便迅速向四周分裂生长，从而形成盘状的吸盘。它的叶子也仿佛暗藏智慧一般，在已有叶子覆盖的

贰　蝉鸣、西瓜，如繁星一般绚烂的夏天

【地锦】

拍摄地点：综合楼

地方，新芽的足迹便不会向那里生长，墙面自变得平整非常。由此，地锦有一个耳熟能详的别称——爬山虎，并且可谓是爬山虎这个庞大家族中血脉最为正统的一支。盛夏时分，地锦凭其"纵横捭阖"的特性，很快就将一堵老墙化作一片绿得沁水的草坪。深秋时节，寒霜甫降，那新鲜的绿色就被那花青素染成清红。远远望去，红、黄、绿三种颜色交织在一起，它所攀缘着的清灰色墙壁，霎时如锦绣山河。

"地锦花铺地棉衣，碧茸上织紫花枝。"漫步于交大校园，途径校车站，一抬眼便能望见天佑斋群，满墙的爬山虎紧紧依附着墙面，带着宁静和喜悦的力量生长，浸润着一百二十三年老校的阳光风雨，轻吐有关岁月的恬淡和悠然。清风徐来，爬山虎的叶子招摇摆动着，犹如着盛装的母校，静待故人归来。

贰

蝉鸣、西瓜,如繁星一般绚烂的夏天

㊂ 如果生为一棵树,

那就做一棵夏天的树

【紫薇】

 目 桃金娘目
 科 千屈菜科
 属 紫薇属

借问芳名——西南交通大学风物志（犀浦·夏）

 拉丁学名 Lagerstroemia indica L.

拍摄地点：综合楼

> 谁道花红无十日，
> 紫薇长放半年花。
> ——杨万里

紫薇

"紫薇，你看到烛光了吗？"

"尔康，我好害怕！"

一不小心暴露年龄了。说到紫薇，80后、90后多半会一秒陷入青春回忆，脑内不可抑制地响起《还珠格格》的主题曲。怕是很难有小伙伴会把温柔贤淑、知书达礼的紫薇格格和交大靠体育馆一边沿河和整整包围了九教一圈的一秃就是大半年的"拖把杆子"们联系起来。

说来，我第一次见到紫薇花，也是在它不甚美丽的时候。当时，园艺师应该是为了让紫薇花来年能萌发出更多的新枝，彻底把它剃成了一个秃瓢。于是一片空地上插着一个阵列的油光水滑的浅色木棍，那场面真是要多诡异有多诡异。我战战兢兢地问我妈："这是什么阵法？"被母亲大人白了一眼之后，才得知这些"拖把杆子"的诨名——"痒痒树"。

紫薇之所以叫"痒痒树"，据说是因为紫薇没有树皮，所以只要轻轻挠一挠紫薇的树干，它就能痒得花枝乱颤。其实紫薇也

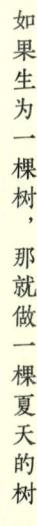

叁 如果生为一棵树，那就做一棵夏天的树

079

紫薇

拍摄地点：综合楼

不是完全没有树皮，年轻的紫薇每年都会长树皮，每年再自行脱落。年岁大了之后，头发，不是，表皮就不再长出来了。

  一挠就痒这件事是我亲自验证过的。紫薇生叶的时间实在是太晚了，一直要到初夏时节，光秃秃的树干上才会一雪前耻地发出新绿。经过漫长的等待之后，我们终于可以上手挠它了！确实，哪怕是在微风不起的响晴日，只是用手指轻轻抚过紫薇树的表皮，紫薇的花枝都会颤抖起来，这让我一度养成了每见一棵紫薇树都忍不住去骚扰人家一下的"恶趣味"。

  虽然和紫薇以黑料相识，不过紫薇却也不屑于和我这样的愚蠢人类计较。都说"花无十日好"，但紫薇却要开足一整个夏天，所以又被称为"百日红"。紫薇的花期非常长，像是要把漫长的冬眠期全都报复了似的，从六月开到九月，送走一届一届的毕业生，又迎来一届一届的新同学。

  别看今天的紫薇已沦落到如旧时堂前燕，在寻常百姓家被我们恣意调侃，其实紫薇在中国已有近千年的栽种历史。紫薇最受欢迎的时期，要数唐朝，长安宫廷和达官显贵家的庭院少不了紫薇树的身影。原因是紫薇和星象紫微垣音同，而紫微垣正是天上的正牌紫禁城，是天帝的皇宫所在，地位极其尊崇。唐开元年间，改中书省为紫微省，中书令称紫微令。大诗人白居易也曾出任"紫微郎"即中书舍人。唐代的中书舍人是文人士子企慕的清要官位，所谓"文士之极任，朝廷之盛选，诸官莫比焉"。于是紫薇花也因此被称为"官样花"。虽然文人雅士都以淡泊名利自居，但此刻平步青云的白居易难免要以自己为骄傲，于是留有一首特别自恋的小诗："丝纶阁下文书静，钟鼓楼中刻漏长。独坐黄昏谁为伴，紫薇花对紫微郎。"

叁 如果生为一棵树，那就做一棵夏天的树

【蓝花楹】

 目　管状花目

 科　紫葳科

 属　蓝花楹属

借问芳名——西南交通大学风物志（犀浦·夏）

拉丁学名　Jacaranda mimosifolia D. Don

拍摄地点：四号教学楼

共理瑶笙，凤凰花外听。

——仇远

蓝花楹

近几年来，行道树界乍红起了一位异域美人。暮春初夏，高大而婆娑的蓝花楹叶未展尽而花开满树，蓝紫色的花朵层叠遮盖成紧密的甬道，铺天盖地的紫色美得既浪漫又不失气魄。特别是长成参天巨木的成树，花开得遮天蔽日，一棵树就能撑起一个庭院的景致，让人不由得会想起它遥远的故乡，那和它一样充满了魔幻色彩的南美洲大地。

蓝花楹造访中国颇有些晚，但和它同宗同族的"亲姐妹"红花楹却早在百年之前就已深受我国南方地区人民的喜爱。红花楹这个本名听起来有些陌生，但要提起它的"艺名"凤凰木，可谓家喻户晓。"叶若飞凰之羽，花若丹凤之冠"，五六月份的凤凰木，花开如彤霞漫天，光芒万丈，朱红色的花瓣如地毯般奢侈地铺满整条街道。这个时节的凤凰木是世间最绚烂、最明媚的植物。因为它开花的季节又逢高校的毕业季，于是这明艳的花树又承载起了青年学子们的青春感伤。凤凰木是厦门和汕头的市树，同时也是厦门大学和汕头大学的校花。

叁 如果生为一棵树，那就做一棵夏天的树

083

【蓝花楹】

拍摄地点：四号教学楼

在作为文化意象这一方面，"蓝凤凰"蓝花楹不遑多让。蓝花楹在澳洲人民心中的地位丝毫不亚于樱花在日本人民心中的地位。早在1934年，澳洲第一个民间节日就因蓝花楹而诞生——格拉夫顿蓝花楹节（Granfton Jacaranda Festival）。在蓝花楹盛放的约一个月的时间里（每年十月倒数第二个周末至十一月的第一个周末），会举行各式各样的庆祝活动，花车巡游、盛装舞会……当然必不可少的还是在花树之下的各种美味小吃摊铺。

除却格拉夫顿、珀斯、悉尼这些传统的赏花地之外，悉尼大学、昆士兰大学等高校也早在近百年之前就已经在校园里广植蓝花楹树。如今古树已经成为这些学校的精神象征之一，传承在每一代学子之中。只是对于正在这些学校中读书的同学们而言，蓝花楹却因为背负着"挂科树"的恶名而成为只可远观不可亵玩的存在。关于"挂科树"，有诸如"开花时走在树下会挂科""花落在身上会遭到挂科诅咒"等不一而足的校园传说。归结而言，是因为蓝花楹开花的时节正逢期末季，最原始的版本是说"如果在蓝花楹开第一朵花的时候还没有开始复习，那么期末就会挂掉"。

每年五月末至六月，交大四教中庭的几棵巨大的蓝花楹就会开出蓝艳的一树繁花。花开考试来,花落考试过。蓝花楹也陪伴着交大学子度过了期末复习的每一个清晨和日暮。

无论中外,红蓝花楹这对小姊妹都因其美丽得恰逢其时而和广大学子产生了千丝万缕的羁绊。学子们不妨以交大的第一朵蓝花楹为开始复习的花信风吧!炎炎夏日读书凉,莫负好时光!

叁 如果生为一棵树,那就做一棵夏天的树

【水杉】

目	科	属
松杉目	杉科	水杉属

借问芳名——西南交通大学风物志（犀浦·夏）

拉丁学名 Metasequoia glyptostroboides Hu et Cheng

拍摄地点：三食堂

> 你曾有一个水杉的名字，和一个逆光隐去的季节。
> ——舒婷

水杉

夏天是一年之中大多数树木最美丽的季节。在这些满目皆绿的明亮日子里，水杉森林美得气质出众。成年的水杉高度可达30米以上，主干笔直、身形挺拔。羽毛状的叶片也十分特别，完美地融合了冷艳和可爱两种南辕北辙的迷人特质。排列成林时，高大的树木遮蔽天日，只有细碎的金色光芒漏过树叶洒满皮肤，像珍珠粉一般闪闪发亮。行走在树林里，踩着松软的土地，听着此起彼伏的鸟鸣和蝉鸣，水杉林带来的清凉感和安心感是盛夏里最闲适的享受。

关于水杉，未曾谋面之时，最先得知的是关于它的传奇。孩提时期，不论哪一个版本的百科全书，水杉的名字都排列在前页。"活化石""植物界的大熊猫""第一批国家一级保护植物"……这些名头总让人对它怀有一种憧憬又敬畏的复杂感情。

试想这样一件事：地球上出现人类活动的迹象时，水杉就已生活在这一片土地上，只是那时的原始人根本无暇顾及这一不能

叁 如果生为一棵树，那就做一棵夏天的树

【水杉】

拍摄地点：三食堂

果腹的高树。在距今 300 年左右的 18 世纪，植物学的命名法才刚刚兴起。再以后百年，欧洲、北美、东亚的植物考古学先行者们在距今至少 6500 万年的晚白垩纪至古新世的地层中，发现了水杉的化石，然后惋惜地宣称，这一和恐龙及原始人类一起生活过的植物，在距今 200 万年左右的第四季冰川期已经彻底灭绝了。直到距今仅几十年的 1943 年，彼时的中国大陆还处在外国侵略的黑暗时期，当时农林部的研究学者在战火纷飞中匆匆采集了一棵已安静生长了 400 余年的奇怪古树的标本。这个标本在战乱中被遗忘了整整 2 年，终于在抗日战争胜利之后重新被提上研究日程。这一段研究经历了兄弟阋墙的内战时期，直到 1948 年 5 月 15 日，中国学者们正式宣布发现水杉，轰动全球。至此，人类终于和这跨越万年时光的老朋友久别重逢。这是一种什么样的奇迹！

和银杏、水松、珙桐一样，水杉毫无意外地也被归入了孑遗植物之列。"孑"在汉语中是孤独的意思。孤独地被留下来的植物，既幸运，又寂寥。野外存活的孑遗植物稀少，这主要和它们特别的繁殖方式有关。很少有人见过水杉开花。实际上，作为裸子植物的水杉,其实并没有严格意义上的花。二月份以后,在一些年份较长的水杉树上,偶尔能观察到浅绿色的球果,也就是水杉的孢子叶球。一直到十月之后,才能长成深褐色的成熟球果。时间漫长不提,水杉自己也秉持"晚婚晚育"十分拖延,雄球花一般要到20年以后才能正常形成。就算是侥幸成熟的球果发芽率也很低,所以水杉的开枝散叶几乎完全依赖人工技术,几乎不具备群体自我更新的能力。

如今的水杉依靠中国人民的辛勤培育,几乎遍布我国的大江南北。水杉也作为我国特有的珍稀植物被当作国礼,多次出现在我国重要的外交舞台上。现在,全球50多个国家和地区都有了它们的身影。

水杉在交大亦不鲜见,北区鸿哲斋靠近小铁门的入口处有几棵聚集的水杉树。此外,宿舍园区、教学区都有它们挺拔的身影。只是比较遗憾的是,在交大水杉并没有种植成林,多数时候我们都只能见到它们的孤独身影,因此也对它们难有深刻的印象。毕竟,行列整齐的水杉森林才是它们最美丽的模样。

【红千层】

目　桃金娘目
科　桃金娘科
属　红千层属

借问芳名——西南交通大学风物志（犀浦·夏）

拉丁学名　Callistemon rigidus R. Br.

华胥梦断人何处，
听得莺啼红树。
——苏轼

拍摄地点：虹桥

红千层

红千层，会像红丝绒千层一样好吃吗？

我生在北方，在人生头20几年的光景里从未见过这种植物。以至于在南方街头第一次见到红千层，就被一树火红惊艳到了。原来，这里不似北地，"灯笼"是年年季季常有的。

红千层属于热带花卉，产于澳洲，长于中国南方，为桃金娘科常绿灌木，耐得住烈日酷暑，难挡冰冷严寒。在植物大发现时代，库克船长同植物猎人约瑟夫·班克斯以及分类学鼻祖卡尔·林奈等人将这种植物记录下来，并带出了澳洲。之后，那孕育着一片火红的树种跨过山和大海，终与大陆另一头的我们相见。

红千层的叶子有些类似罗汉松叶，带着草木的芳香，四季常青。其树干坚硬，制作木器经久耐用，常年不腐。我们能看到的红千层由一朵朵红色的小花组合而成，猩红色的花朵缀满一树。有人称之为"红刷树"，也有人叫它"金宝树"。千百颗雄蕊组成一枝枝艳红花束，绿叶红花之间，像一个个红彤彤的小瓶刷，整整齐齐地挂在树上。每年夏天，虹桥旁边的这株"试管刷"树

【红千层】

拍摄地点：虹桥

都会如约盛开，不知常年"混迹"于生物化学实验室的朋友们，是否会被勾起一些熟悉亲切的回忆呢？

"上次，我们做完试验后，试管你记得清洗了吧？"

如果你恰好路过，不妨一睹这株奇花的芳容。若你站在树下，且看清风拂动叶片，掀起红浪千层，满枝吐艳，潇洒自然。它大多数时候低垂着眉眼，有如山间梵音薄雾中的许愿纸条，像极了被苍天眷顾着、护佑着的尘世爱情。

归巢时分，倦鸟在草坪之上尽情欢唱。你我就站在这天地中央，恰逢生命的花期。

叁 如果生为一棵树,那就做一棵夏天的树

【龙牙花】

目 蔷薇目
科 豆科
属 刺桐属

借问芳名——西南交通大学风物志（犀浦·夏）

094

拉丁学名 Erythrina corallodendron Linn.

拍摄地点：蓝桥

形似龙牙天赐红，

身着戎装织女成。

——《龙牙花》

龙牙花

龙牙花属刺桐属，是一种灌木小乔木，花开时红艳艳一片，犹如珊瑚出海，所以得了"珊瑚刺桐"的美名。天赐红妆斗艳阳，上植龙牙花正开。一树犹如火炬般的妖娆繁华，在初夏时节青翠叶面的映衬下，深红色的花序看起来像是一排红色的弯月牙，为这个时节平添了几分火热情怀。

关于龙牙花，这是一个听来的故事。南美洲拉普拉塔地区的世居民族在反抗西班牙殖民者统治的战斗中，一位印第安部落的酋长不幸牺牲。但他的部落并未就此陨落，他的女儿阿塔依站了出来，身披战衣指挥全部族的勇士同殖民者血战。但以少胜多的战争奇迹不会永远眷顾弱者，阿塔依终因双方实力悬殊而被俘，被绑在了一棵赛波树上，熊熊的烈火燃尽了她的生命。自那以后，那里的赛波树每年都会开出一串串如火似血的花。那花似故事中浸润赛波树的鲜血，少见娇媚，带着英姿飒爽的巾帼之气。如果说月季、蔷薇、百合是繁花中盛装罗裙的妙龄女子，龙牙花更像身披盔甲、头饰翎毛、英勇战斗的女战士。它的花语也难得同情

叁 如果生为一棵树，那就做一棵夏天的树

095

【龙牙花】

拍摄地点：蓝桥

与爱不甚相关，它代表着荣耀。

除了背后的动人故事，龙牙花还有着不容小觑的药理功效。作为一味中药，从其树皮中提取的龙牙花素可用于制作麻醉剂、镇静剂。也因为此物会对精神系统产生影响，所以，如果有天你行走野外，对于龙牙花，远观最佳，近玩亦可，万万不要一品其芳泽。

龙牙花有四季，四季不同天。龙牙花同一般花期较长、横跨数月的植物不同，春夏秋冬、四季变换投影在龙牙花上，呈现出了不同的模样。在春天抽发新芽；于盛夏一片火红，夺目绽放；逢秋日红花凋落独留绿叶；立冬雪抖落叶蔓只剩枯干。相传很久以前，美洲印第安世居民族会依靠龙牙花四时明显的特征来分辨四季。年复一年的时光流逝在龙牙花的花开花谢中，又或者说也许时光从未流逝，流逝的是我们。

你说愿着罗裙，披盛装，如翩翩仙子盘旋在生活中央；我想立马横刀，马革裹尸，远赴沙场。你我与生活轻轻击掌，妥协与否是我们自己的事。

对于它而言，什么绿叶成荫子满枝，什么回首向来萧瑟处，都不是花朵本身要计较的事。它在夏日的枝头火红努力地活过，就是每一朵花开的意义。

叁 如果生为一棵树，那就做一棵夏天的树

【朴树】

 目 荨麻目
 科 榆科
 属 朴属

借问芳名——西南交通大学风物志（犀浦·夏）

拉丁学名 Celtis sinensis Pers.

拍摄地点：校史馆

朴树

朴树，是荨麻目榆科朴属植物，生着大大的叶片和柔软的枝条。也有人叫它相思树。

春天到来，朴树的枝条会长出零零星星的嫩绿色叶子，有时叶子中还夹杂着明亮的嫩黄色。几天之后，等它悄悄地为每一根枝条换上嫩叶，你再看它，便仿佛穿上了明艳的衣裳。在某一个晨光熹微的清晨或是阳光明媚的午后，你若来到朴树下，仰头从那茂密的树冠向上看，阳光自叶子的缝隙里漏下，脚边是随风而动的斑驳树影。温暖的初夏从这里开始。

几年前我第一次踏上蜀地，黄昏时分，同父母漫步在府南河畔。行道树是一排郁郁葱葱的老树，晚霞如丝如缕，挂在对岸的万家灯火中。丝竹声声，循声追去，一群中年人聚在一株老树下演奏。尽管肚腩已经在岁月中悄然突起，皱纹也爬上了眼角，

> 这是一个多美丽又遗憾的世界，我们就这样抱着笑着还流着泪。
> 我从远方赶来，赴你一面之约。
> ——朴树

叁 如果生为一棵树，那就做一棵夏天的树

【朴树】

但当小提琴搁上肩头，吉他抱在手边，那几个大叔依旧似热恋的少年。我们围在树边，看着不时有行人加入，或接过摇铃伴奏一曲，或默默地打着拍子，还有人嘴角上扬跟着哼唱。我绕到树后，想看看是哪棵树护留着这个城市的浪漫和温暖。翻开挂在树干上的姓名牌——朴树。

是那个永远带着少年气，抱着吉他，低顺着眉眼，清唱"我们就这样，各自奔天涯"的朴树吗？五年之前，我还不认识这种生长于南地的落叶乔木。朴树两字组合起来，令人总是免不了想到那个永恒不变的少年，即使他现在也不再年轻了。

总有一天我们都会成为那样的人吧：坐在办公室里忙碌度日；在厨房为两岁的女儿调辅食；在陌生的机场同陌生的人等待着延误的航班；夜深人静走到阳台偷偷点上一根烟。但当你听到《那些花儿》或《生如夏花》，再或者《New Boy》的副歌部分时，想到那些在校园里的大朴树下骑着单车穿行而过的日子，我们也许都会停下手边的琐事，掉落到回忆里。想起一个人的温柔与欺骗，想起梦想的升起和破碎，想起发生在你20出头生命里的高光时刻，想起六月声嘶力竭也叫不回的离别。

我们也许会经常想起，那些被朴树组合出来的符号和记忆，总是柔软又美好的。在校园里那棵大朴树下，我们拥抱，转身，然后挥手，道别。

叁

如果生为一棵树，那就做一棵夏天的树

【枫杨】

目 胡桃目
科 胡桃科
属 枫杨属

借问芳名——西南交通大学风物志（犀浦·夏）

拉丁学名 Pterocarya stenoptera

拍摄地点：五号教学楼

枫杨

枫杨，胡桃科枫杨属乔木，俗称麻柳树、枫柳，是我国非常普遍的乡村树种，根络几乎遍布我国大江南北。我始终感叹，枫杨不愧是我国本土生长的树种，枫和杨，连名字都起得漂亮非常。

枫杨前世大概是一位水做的姑娘，今生尤其喜欢临湾近水的环境。同垂柳一样，枫杨在水边生活久了，枝干易向水边倾曲。风吹动枝丫，叶子滑过水面，荡起一圈圈涟漪，波动了水中的一切。苏州留园曾有一棵斜伸出水面的大树，据考证是一株老枫杨，不过遗憾的是如今它已不在了，许是相伴它的老主人长眠在了脚下的那方土地。

春天到来的时候可以看到枝干上挂着小蜈蚣一样的葇荑花序。同动物相似，枫杨的花序也是分了公母的，雄蕊生在去年枝条上已经脱落的地方，雌蕊长在枝条的顶端。枫杨的叶子大多长成了翎毛的样子，长长的椭圆形，边缘藏着一些内弯的小锯齿。

> 当一棵树顺应时间的流逝，沉默度过冬天的萧瑟，在春天如约以郁郁翠华舒展于尘世时，它是幸福的。树缓慢的节奏，它的忍耐、爱、虚空，成就了这种简单的幸福。这恰恰，又是我们所缺乏的。
>
> ——玛丽·奥利佛

叁 如果生为一棵树，那就做一棵夏天的树

103

【枫杨】

原来长着翅膀的不都是翅果，还有可能是迎风招展的枫杨。每年九月，枫杨的树梢上就会挂满精致的"翡翠发簪"，那是一连串排列均匀的翅膀状果实。当它们从枝头整整齐齐垂落下来的时候，犹如卷碧珠帘，这便是枫杨留在大家记忆中的场面。如果枫杨是个亭亭玉立的妙龄少女，那她身上与生俱来所带的独立气质一定会释放出一道光。比如在播种这件事上，枫杨奉行着"自己能做到的事，从来不麻烦别人"的原则。枫杨的花既不招蜂，也不引蝶。它专心地等一阵秋风袭来，小果子们便像一只只雨后飞燕倾巢而出，轻盈飘向远方，或飞向田间乡野，或落入地面草丛，迎来初夏酷暑，送走清秋寒冬，等待着覆于身上的一捧泥土，带给自己机会去萌发诞生。

枫杨的生长速度很快，枝叶繁茂，树下是夏季人们遮阴纳凉的好去处。当你去努力回忆那些曾惊艳了岁月的草木时，你或许会想到天竺葵、红枫、月季、玉兰，这些盛放得光彩夺目、至情至性的花草。你可能很难想起某棵为你遮风挡雨的树，这也是绝大多数乔木和人类的相处模式吧：它们高大、长寿，无需人类的照拂，自会开花，自能叶茂。

就像朴树在十年前唱着"像夏花一样绚烂"，十年后他却说"平凡才是唯一的答案"。

叁 如果生为一棵树,那就做一棵夏天的树